给孩子的自然百科

当孩子遇见树木

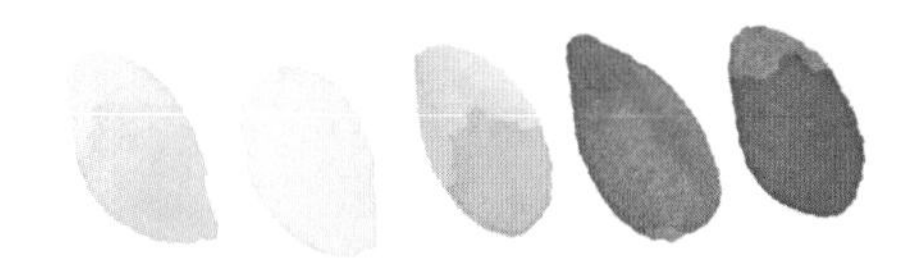

[法] 克莱尔•勒克维勒 / 著
[法] 罗莉亚娜•舍瓦里耶 / 绘
董馨阳 / 译

世界图书出版公司
西安　北京　上海　广州

献给一直在探寻自然珍宝的艾蒂安娜和考拉斯。

——[法]罗莉亚娜·舍瓦里耶

带★的名词解释在文末。

目 录

树是什么？

树是木本植物的总称，是世界上最大的植物。一棵树主要分为树根、树干、树枝和树叶四部分，每个部分都有特定的功能。树的种类繁多，形态大小也千差万别，覆盖了地球几乎三分之一的陆地。树可以调节气候、净化空气、防风降噪，是人类的好朋友。

树干

树干起着支撑树枝和树叶的作用，同时将树根吸收的水分和矿物质营养素输送到树叶，并将树叶通过光合作用产生的糖类等营养物质输送给树的其他部分。树干外是树皮★，每种树的树皮都不同。树皮十分重要，可以保护树木免受动物、霉菌等的伤害，还能防寒防暑。

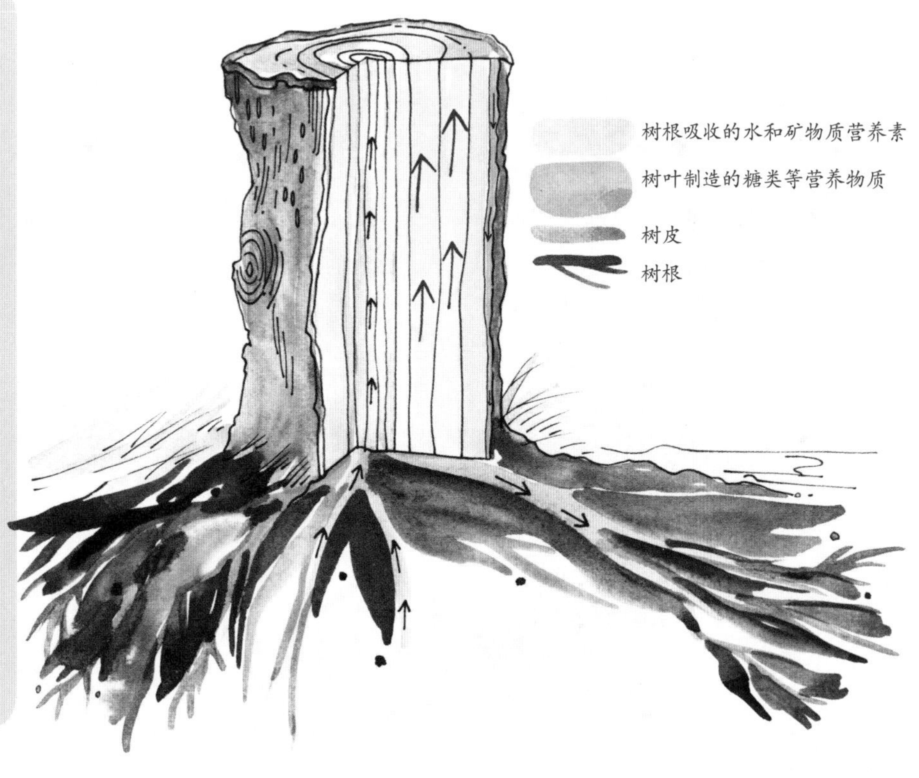

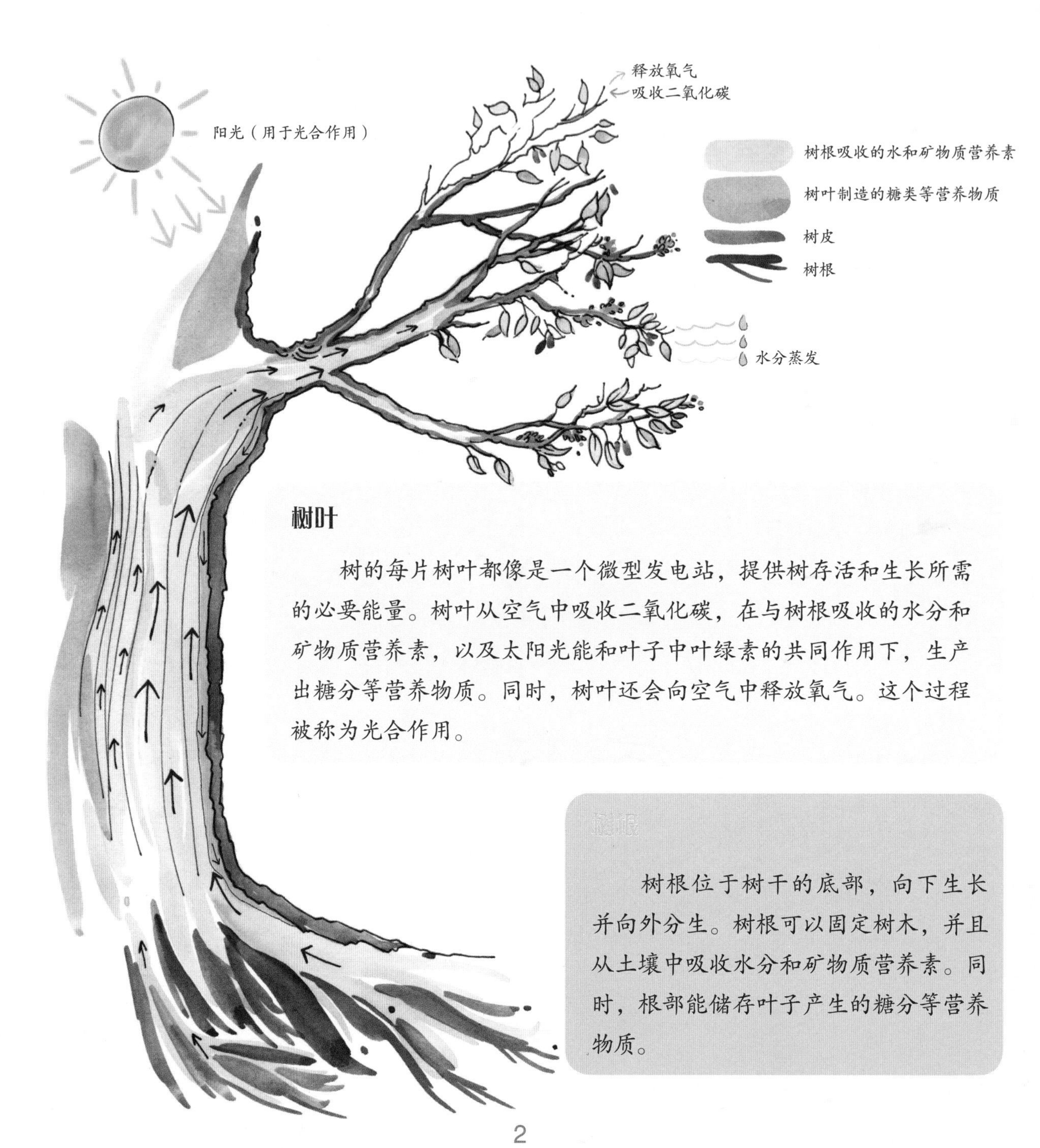

树叶

树的每片树叶都像是一个微型发电站，提供树存活和生长所需的必要能量。树叶从空气中吸收二氧化碳，在与树根吸收的水分和矿物质营养素，以及太阳光能和叶子中叶绿素的共同作用下，生产出糖分等营养物质。同时，树叶还会向空气中释放氧气。这个过程被称为光合作用。

树根

树根位于树干的底部，向下生长并向外分生。树根可以固定树木，并且从土壤中吸收水分和矿物质营养素。同时，根部能储存叶子产生的糖分等营养物质。

一颗种子如何长成一棵树

1

参天大树，始于种子★。种子里含有长成大树所需的必要物质。

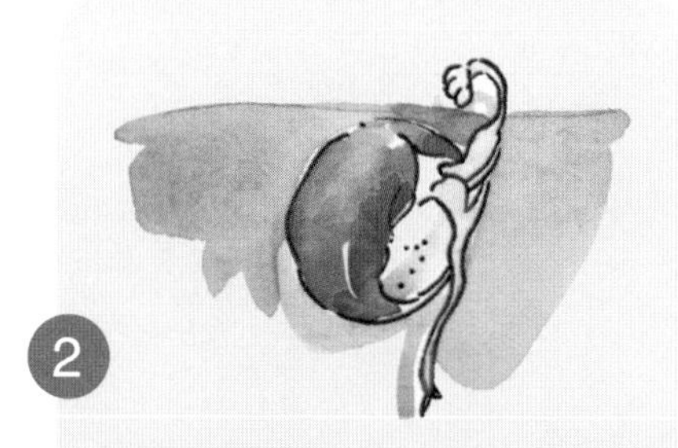

2

种子埋在土壤里，会慢慢裂开一道缝，从里面长出小小的根。根可以从土壤中吸收养分。这个阶段称为萌芽。

3

之后会长出茎和叶片。在阳光和雨露的滋养下，幼芽会不断生长。

4

幼芽继续向上生长，长出其他叶片。茎逐渐变得粗壮，形成木质部分和树皮。树干就是在这个阶段长成的。

5

枝条逐渐长出来，向四处伸展开，这是为了获得更多光照。

6

在四季分明的地方，树在春、夏两季生长得快，寒冷季节基本停止生长。

一年四季中树的变化

春天，百花绽放，这是花朵授粉★的时节。鸟和昆虫采食花蜜时，不经意间会沾上一种细小的粉末——花粉★。这样，鸟和昆虫会把花粉从一朵花带到另一朵花上。

夏季，授粉后的花朵逐渐发育长成果实。果实能够保护种子免受酷暑和严寒的伤害。种子的种类非常多。

秋天，树继续发生着变化。树叶由绿色变成了橙色、红色、黄色或者褐色等。秋天的阳光不似夏天时那样强烈，因此，树叶光合作用减弱，纷纷凋落。等到第二年春天，会长出新的树叶。

冬天，树像熊一样进入冬眠期，等到来年春天再度醒来。有些树能一年四季绿意盎然，比如长着针叶的松树或冷杉。这种在冬天叶子还是绿色的树被称为常绿树。大部分树在冬天叶子会掉光。

怎么辨认一棵树？

我们通过观察树叶、花朵、果实等可以辨认树的种类。有些特征通常不会在某个时间同时观察到，比如花和果实只在某个季节才会出现，不过它们却是当季辨认树木最好的线索。

叶子

叶子的种类

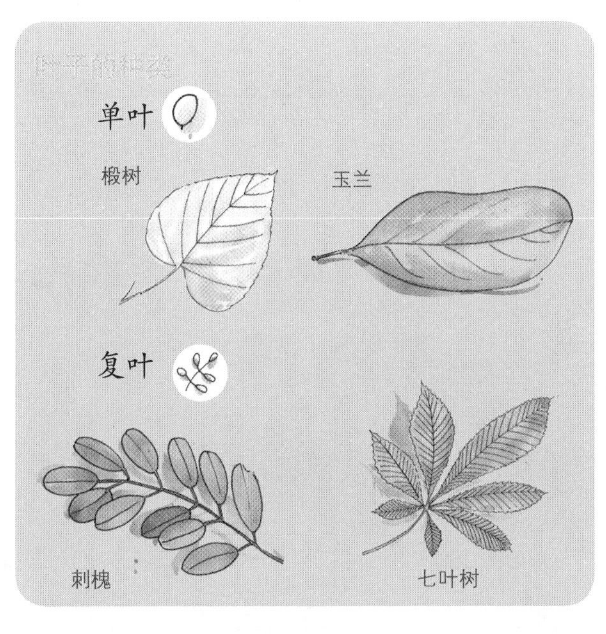

叶子的边缘

叶子的形状

针形

松针

三角形

白桦

椭圆形

桤(qī)木

长条形

橄榄树

扇形

银杏

花是树的繁殖器官。树开花、受精后长出果实，果实里面的种子能孕育出新树。一般可以通过观察花的颜色、花序等辨认树的种类。

颜色

每年三四月份，紫荆大多会开出满树紫红色花朵，非常容易辨认。

紫荆

花序

橡树、山毛榉等的花序呈穗状，悬垂于枝条，属于柔荑（tí）花序★；橄榄树、刺槐等树木的花轴较长，多朵小花自下而上依次着生于花轴上，属于总状花序★。这两种花序非常容易辨认。

橡树

山毛榉

刺槐

还可以通过观察花是否是雌雄同株★来辨认树。桤木的雌雄花朵都开放在同一植株上。雄花柔荑花序呈黄绿色，下垂；雌花柔荑花序很小，直立，授粉后发育成球果★。

桤木

坚果果皮坚硬，内含1粒或多粒种子。

橡子★　　栗子　　山毛榉坚果

有些果实好像长了翅膀，我们称之为翅果。

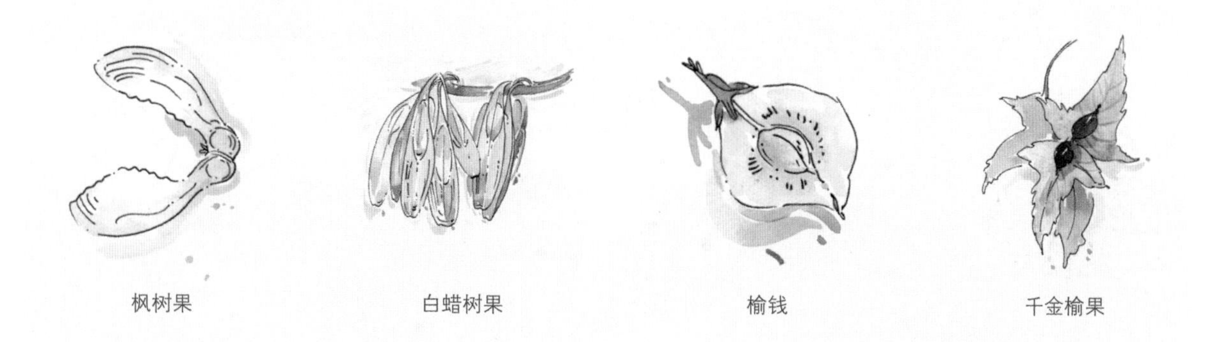

枫树果　　白蜡树果　　榆钱　　千金榆果

有的果实成熟后会开裂，我们称之为蒴果★。

杨树果

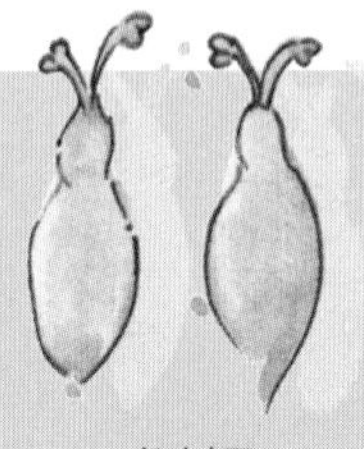
柳树果

七叶树果

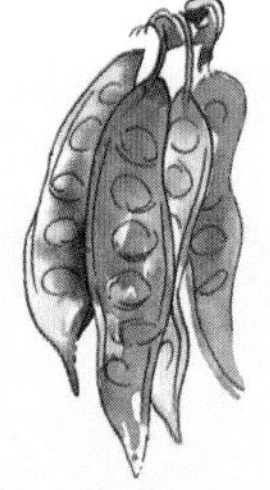
紫荆果

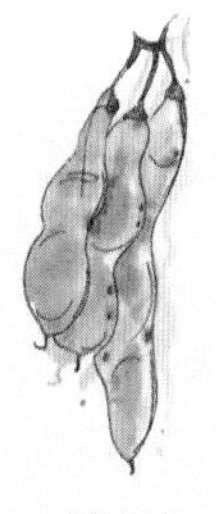
刺槐果

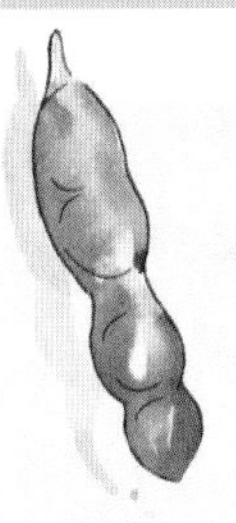
金合欢果

几个种子封闭在一个长条的扁片里，我们称之为荚果★。

荚果变干后会爆开，里面种子能一下蹦到很远的地方。

果实呈椎体，种子被硬鳞片保护，我们称之为球果。

松果

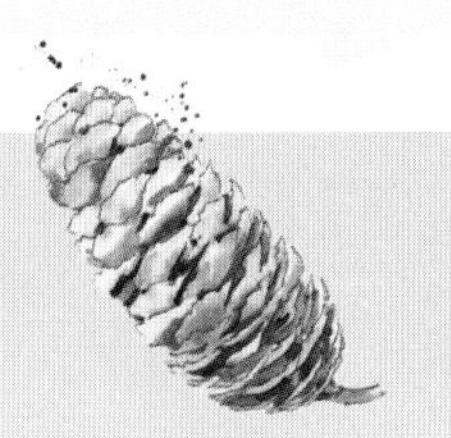
冷杉果

苹果

橄榄果

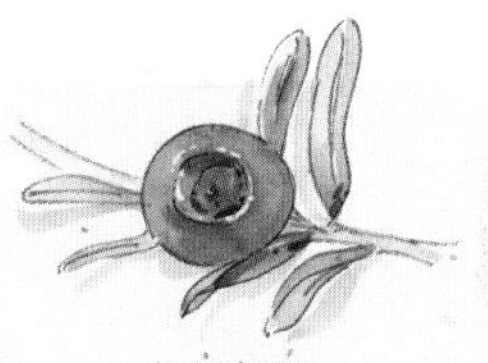
红豆杉果
（注意：红豆杉果有毒）

许多果实的种子由果肉包裹着，我们称之为肉果。

玉兰果有一点特殊：实际上它有许多的果实，这种果实被称为聚合果。

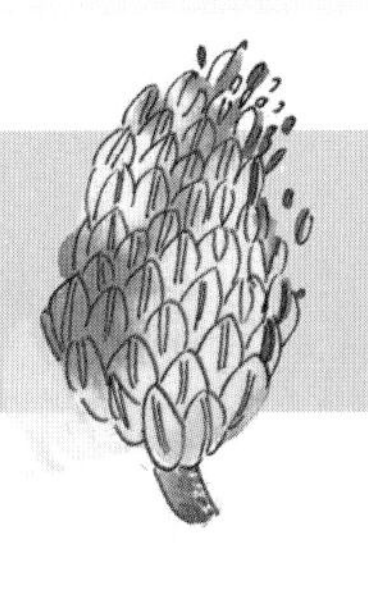

枫树

怎么辨认枫树?

枫树的树叶边缘有锯齿。到了秋天，枫树叶变得色彩斑斓：黄的、橙的、红的。枫树的花不太大，呈黄绿色。枫树的种子因为有一对“翅膀”很容易辨认。种子初夏时节出现，一般为绿色，秋季成熟后变为褐色。花期5月，果期9月。

哪里能看到枫树?

枫树为落叶树，主要生长在北半球的温带地区，在中国有广泛的分布。此外，加拿大素有“枫叶之国”的美誉，枫树分布广泛。

枫树有什么用途?

枫树可以用于制作许多东西：如小提琴、吉他、滑板、飞机螺旋桨、玩具等。此外，枫树在美食界也占有一席之地。在加拿大，有一种枫树，它的树汁可以熬成美味的枫糖浆。

枫树有什么“特异功能”？

通常，树叶中含有大量的叶绿素，树叶呈绿色。秋天天气变冷，叶子中叶绿素逐渐减少，树叶慢慢变黄。而枫树叶里还含有一种特殊的物质——花青素，在一些条件下，花青素使枫叶变成了红色。

枫树有什么小秘密？

枫树的花是绿色或淡绿色的，如果不认真观察，很难发现。但是，枫树的果实从淡绿转为粉红时，很容易被误认为花。

加拿大的国旗上有一片枫叶的图案，代表了加拿大人对枫叶的钟爱。

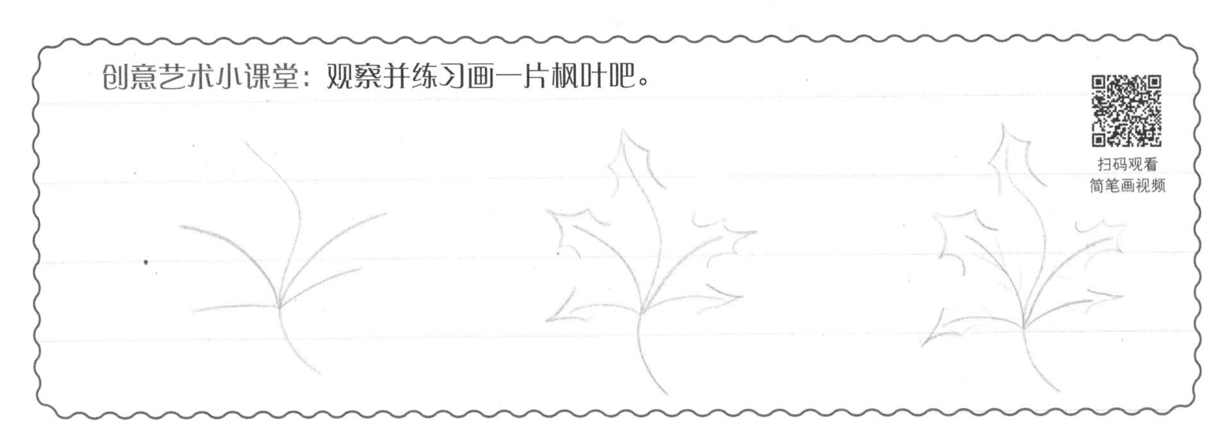

橡树

怎么辨认橡树?

橡树的果实叫橡子，果皮坚硬很难打开，每颗橡子都好像戴着一顶帽子。橡子顶部的梗与树枝相连。橡树叶边缘呈深浅不等的圆钝锯齿形。每年三四月，橡树会开出一簇簇黄色的花，这种花轴柔软下垂的花序被称为柔荑花序。花期3—4月，果期9—10月。

哪里能看到橡树?

橡树原产于欧洲法国、意大利等地，在中国主要分布在新疆、北京、山东等地。

橡树有什么用途?

橡树的木材非常坚固耐用。15世纪时，法国人为了造船栽种了许多橡树。如今，许多家具都是用橡木打造。

橡树有什么“特异功能”？

有些橡树下长有松露。松露被欧洲人称为“餐桌上的钻石”，是一种非常珍稀的食用菌。有些古老的橡树里还住着一种触角很长的稀有天牛。

橡树有什么小秘密？

橡树的果实叫橡子。这种坚果富含淀粉，是人类早期最主要的食物之一，尤其是在粮食歉收时，能帮助人们度过饥荒。

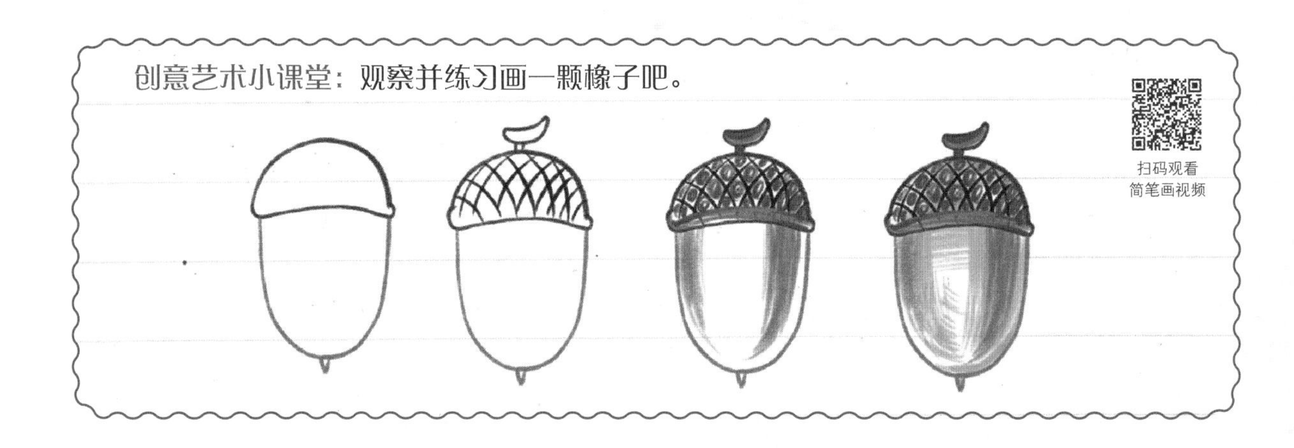

白蜡树

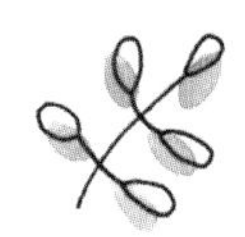

怎么辨认白蜡树？

白蜡树是一种会在发芽前先开花的树，所以白蜡树发芽时，人们常说“白蜡树发芽了，冬天就过去了”。白蜡树的芽呈灰褐色，叶子为羽状复叶★。白蜡树的果实呈翅果匙形，有一个“翅膀”，果实成熟掉落时，会在空中打转儿，慢慢飘落。花期4—5月，果期7—9月。

哪里能看到白蜡树？

白蜡树在中国西南各省分布广泛。白蜡树喜肥沃湿润的土壤，如果你去河边散步，可能会发现它的踪影。

白蜡树有什么用途？

白蜡树树形优美，是优良的绿化树种。白蜡树生长迅速，柔软坚韧，可用于编制各种用具。此外，白蜡树枝叶可放养白蜡虫，制取白蜡。它是中国重要的经济树种之一。

白蜡树有什么小秘密？

白蜡树在中国栽培历史悠久，除了用于制蜡，白蜡树树皮还是一味中药，即秦皮。

山毛榉

哪里能看到山毛榉?

山毛榉喜欢凉爽、水分充足的土壤。你可以在山区看到山毛榉，但在高山地区较为少见。

山毛榉有什么用途?

山毛榉的木材耐磨、有韧性，便于加工，可用于制作乐器、家具、运动器械等。山毛榉的果实是一些小型哺乳动物的食物。

山毛榉有什么小秘密?

德国有5个山毛榉森林被联合国教科文组织列入世界自然遗产名录，是欧洲的一种宝藏。

怎么辨认山毛榉?

摸一摸山毛榉嫩叶的边缘，就能感觉到叶片上的绒毛非常柔软。但没人会去摸山毛榉的果实外壳，因为上面长满了尖刺。外壳里面像小栗子一样的果实，被称为山毛榉坚果。山毛榉花叶同出，花聚成很大的柔荑花序。花期4—5月，果期9—10月。

椴树

怎么辨认椴树?

椴树整体轮廓舒展，宛如一顶钟形帽。椴树的叶子是心形的。夏季，椴树的花清香扑鼻，能引来蜜蜂等许多昆虫。椴树的果实是连在一条花轴上的小球。花期7月。

哪里能看到椴树?

椴树喜阴凉，多生长在森林中，主要分布在江苏、浙江、黑龙江等地。在欧洲，椴树是重要的行道树，比较常见。

椴树有什么用途?

椴树是世界五大行道树之一，树形高大，姿态优美，花香浓郁，在西方国家广泛栽植。此外，椴树花可制作花茶，木材是优质的家具用材。

椴树有什么“特异功能”？

椴树是优良的蜜源植物★，椴树蜜是蜂蜜中的珍品。黑龙江省享有“国家蜜库”之美称，就是因为分布着大量的椴树。

椴树有什么小秘密？

你知道吗？世界著名的博物学家、植物分类学奠基人——卡尔·冯·林耐的姓氏来自瑞典语的椴树。此外，椴树在捷克被定为国树。

创意艺术小课堂：观察并练习画一枚椴树果吧。

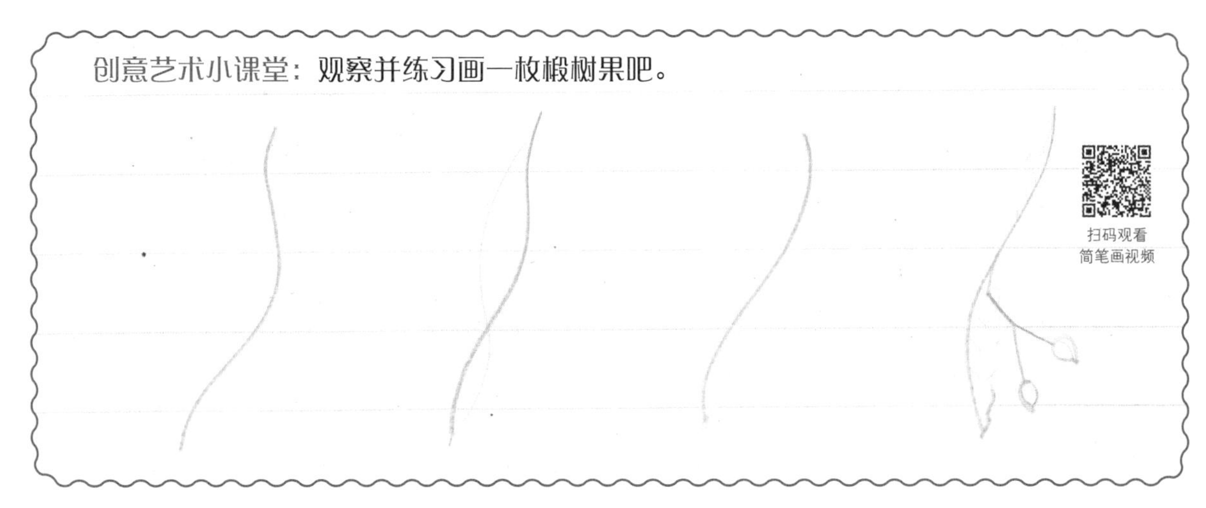

松树

怎么辨认松树?

环境不同，松树长得也会不同。但大部分松树树干笔直细长。松树最明显的特征是叶子呈针状，常2、3、5枚成束，长在短枝顶端。松树的果实被称为松果，松果很硬，无法食用，这种坚硬的果实被称为球果，所以松树被归为球果植物。球果张开后，里面带有小“翅膀”的种子可以飞得很远。松树的木质部分能分泌一种非常黏的液体，那就是松脂★。

哪里能看到松树?

松树种类繁多，分布广泛，在我国华北、西北、华中等都有分布。松树有极高的观赏价值，从古典园林到现代家居中都能看到松树及松树的元素。

松树有什么用途?

松树是建筑、家具等使用最多的树。松树还可用来造纸。罗马人还会用松脂为船只做防水。

松树有什么“特异功能”?

在非常湿润的沼泽地带，松树能固土。这就是海滩附近常种植松树的原因。

松树有什么小秘密?

在古希腊，人们认为松树是海神波塞冬之树。为了纪念波塞冬，希腊人会在海边城市科林斯举办运动会，所有获胜者都会获得一顶松树花环。

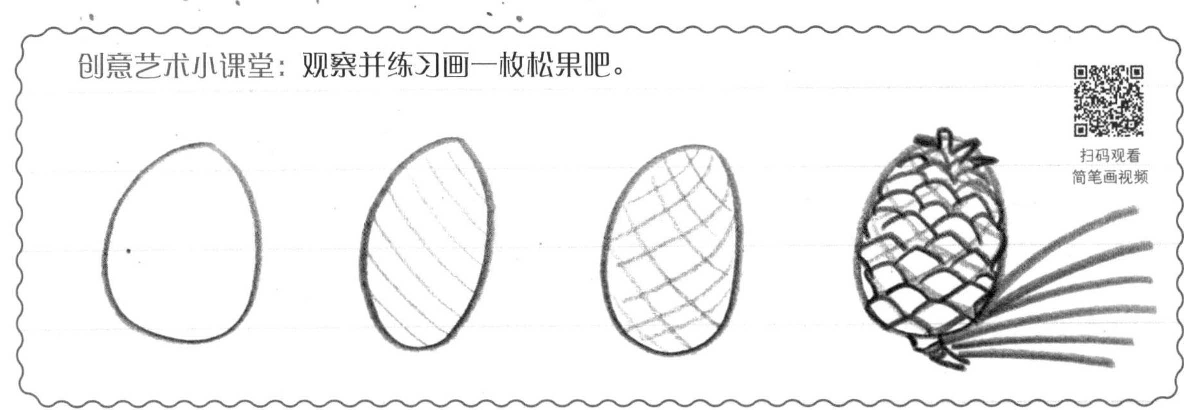

冷杉

冷杉有什么小秘密?

百山祖冷杉是冷杉属的一个新树种，是1963年在中国东南部发现的稀有珍贵树种，为中国特有的古老孑遗植物★。原生树仅存三株，濒临物种灭绝境地，有“植物活化石”“植物大熊猫”之称。

怎么辨认冷杉?

冷杉果是一种卵状圆柱形的球果，向上直立在枝头上。种子掉落后，会留下一根长刺。冷杉树枝上长满针叶。如果用手抚摸针叶，就会发现针叶上的绒毛可以像地毯上的绒毛一般倒向一侧。花期5月，球果10月成熟。

哪里能看到冷杉?

冷杉喜凉爽，和山毛榉、枫树一样，冷杉主要生长在山里。冷杉对空气质量要求很高，所以城市里面很少能够看到冷杉的身影。

冷杉有什么用途?

冷杉木质轻柔、结构细致，常用来制作箱子、乐器或者纸张。

桤木

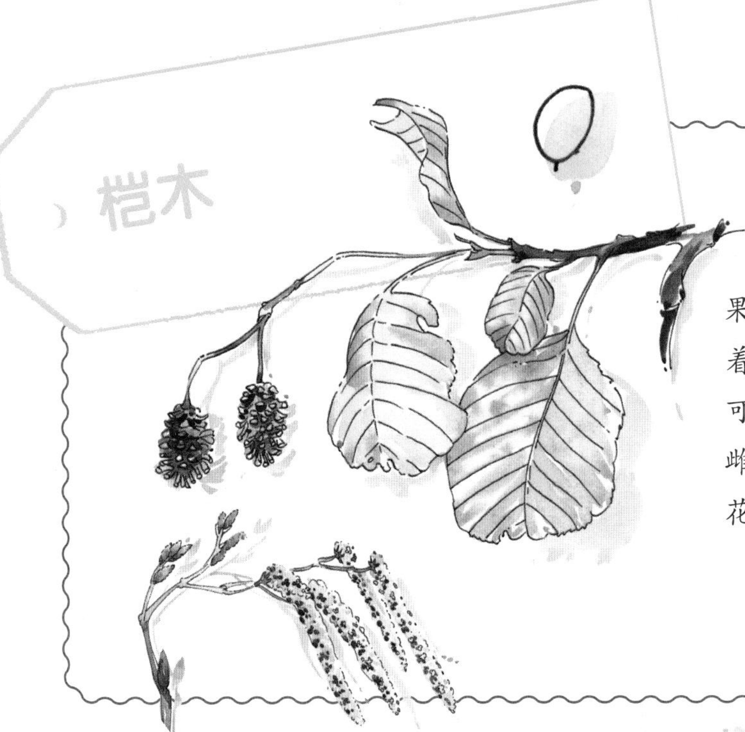

怎么辨认桤木？

最简单的辨认方法就是观察树的果实。它是一种较小的球果，里面藏着桤木的种子。凭借风力，桤木种子可以飞很远。还可以观察花：桤木属雌雄同株，紫色的雌花长在枝头，雄花长长的柔荑花序垂向地面。

哪里能看到桤木？

桤木种类很多，分布于亚洲、非洲、欧洲、北美洲等地。在中国多见于东部及北部阳光充足、土壤湿润肥沃的地带及水边，少数种类见于西南的中海拔山地。

桤木有什么用途？

桤木在水中能经年不腐，因此被用于制作支撑水上房屋的木桩，比如威尼斯的水下桩基。桤木扎根很深，人们常常在河边种植桤木，防止河堤塌陷。

桤木有什么小秘密？

桤木根部具有根瘤，能固定空气中的游离氮素，增加土壤肥力，改良土质。

榆树

怎么辨认榆树?

榆树叶的基部不是平的，一边高于另一边。榆树先开花后长叶子，它的花是红褐色的，成簇开放。榆树的果实被称为榆钱，是翅果。花果期3—6月。

哪里能看到榆树?

榆树在中国东北、华北、西北及西南各省区都有自然分布。榆树喜阳，生长快，适应性强。

榆树有什么用途?

榆木质地优良，不易变形，可供家具、器具、桥梁等用。

榆树有什么“特异功能”？

过去许多庭院都种植一两棵榆树用来遮凉庇荫；城市也经常把榆树种植在道路两旁，起到绿化和吸尘的作用。

榆钱含有丰富的营养物质，人们会将它做成各种美味佳肴。

榆树有什么小秘密？

你听过“榆木疙瘩”这个词语吗？这个词语的本意是指榆树根非常坚硬，不易锯开，后来被用来比喻思想顽固、守旧的人。这也说明了榆木坚韧的特点。

创意艺术小课堂：观察并练习画一片榆树叶吧！

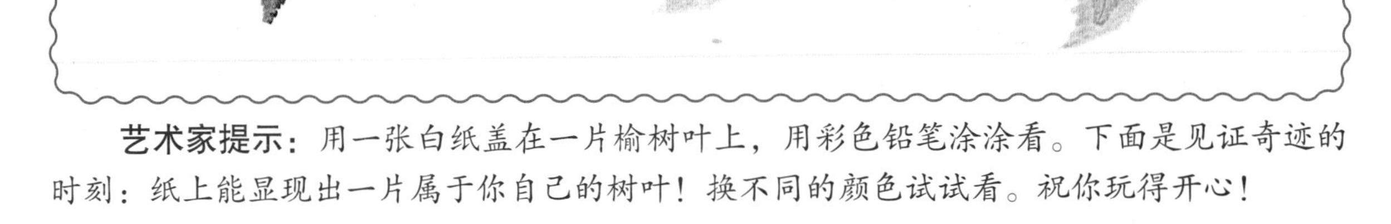

艺术家提示：用一张白纸盖在一片榆树叶上，用彩色铅笔涂涂看。下面是见证奇迹的时刻：纸上能显现出一片属于你自己的树叶！换不同的颜色试试看。祝你玩得开心！

栗子树

怎么辨认栗子树?

哎哟，好扎人啊！栗子树的果实外壳长满了刺，被称为壳（qiào）斗★。仔细观察，会发现壳斗里面有一个或者几个栗子。栗子去壳后才能吃，别忘了先在火上烤一烤。结果实之前，栗子树上长满白色的花，它的花是柔荑花序。栗子树叶比较扎手，叶子细长，边缘布满锯齿。花期4—6月，果期8—10月。

哪里能看到栗子树?

栗子树喜阳，耐旱耐寒，对空气中的有害气体抵抗力强，在中国南北各地均有广泛栽植。

栗子树有什么用途?

栗子树的木质坚硬、耐水性好，可用于制作家具。叶子可作蚕饲料。栗子富含淀粉、糖分、胡萝卜素、无机盐等营养物质，老少皆宜。

栗子树有什么“特异功能”？

栗子树寿命很长。世界上发现的最古老的栗子树生长在意大利，至今已经有3000多岁了。

栗子树有什么小秘密？

栗，在古书中最早见于《诗经》，可知栗子树的栽培在中国至少有2500年的历史。

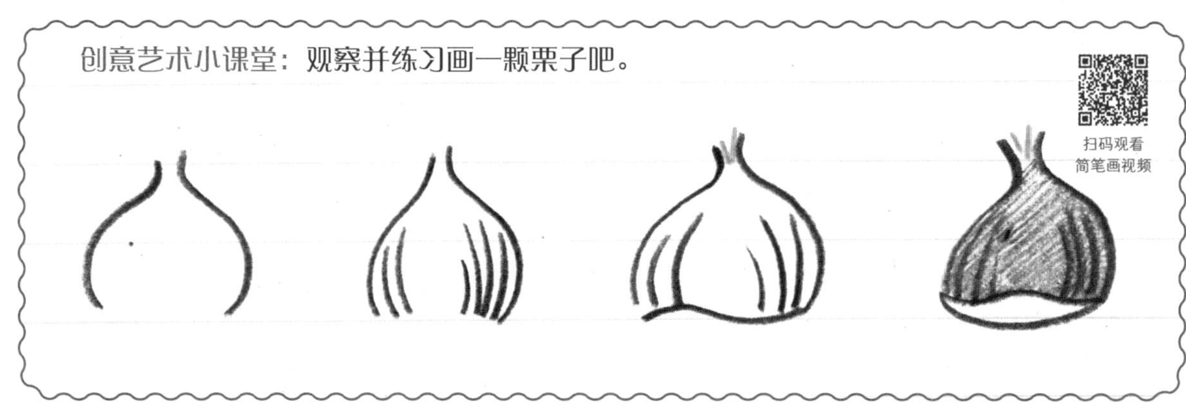

艺术家提示：给栗子上色的时候可以用栗色和橙色的彩色铅笔，这样就可以得到漂亮的渐变色啦。

杨树

哪里能看到杨树?

杨树是喜光树种，适应性强，在土壤湿润肥沃的河岸、山沟和平原上生长得最好。

杨树有什么用途?

杨树木材轻软细致，可供民用建筑、家具等用，也是防风固沙、护堤固土、绿化观赏的树种。

杨树有什么小秘密?

你知道吗？杨絮飞舞是雌雄株混植、雌性杨树产生种子的结果。杨絮漫天会造成环境污染，减少雌株杨树的栽培或能减轻杨絮对环境的污染。

怎么辨认杨树?

杨树有很多种，有的杨树叶子是三角形的，边缘圆润；有的有五个齿。你摸一下会发现，它的叶子背面非常柔软，毛茸茸的。杨树的果实成熟时会开裂，杨絮便四处飞扬，看起来像棉花。花期3—4月，果期4—5月。

柳树

怎么辨认柳树?

柳叶细长，边缘有小锯齿。柳树花是柔荑花序。3月到5月，柳树花直立枝头，朝向天空。柔荑花序上的小花最终会发育成柳树的果实，这是一种蒴果，里面是白色绒毛。花期3—4月，果期4—5月。

哪里能看到柳树?

水边和河岸上，柳树常与杨树做伴，形成洪溢林*。除了耐水性好，柳树也能生于干旱处，是造林、绿化的首选之一，是常用的行道树。

柳树有什么用途?

人们从柳树的树皮中发现水杨苷并制成著名的药物阿司匹林。它是一种作用非常广泛的药物。

柳树枝非常柔软，可用来编制篮子或者其他器具。柳树木材可制家具。此外，柳树还是优美的绿化树种。花期3—4月，果期4—5月。

柳树有什么小秘密?

在亚洲东部的一些国家，柳树被认为是生命之树或长生之树，因为如果把一根嫩柳条插在地上，它也能很快生根长成一棵新的树。

千金榆

怎么辨认千金榆?

秋天，千金榆的叶子会变成非常美的金黄色。摘一片树叶，摸一摸，就会发现它的树叶并不光滑，上面布满条纹。叶片边缘的锯齿很细密，近距离观察可以发现边缘的锯齿大小不一。每年四五月份，千金榆会垂下长长的柔荑花序。它的果实看起来好像一束花，实际上，果实外围绕着许多三裂片的小叶子，果实和榛子一样坚硬。

哪里能看到千金榆?

千金榆的分布区包括南欧、西亚，在中国分布在东北、华北、西北等地。千金榆怕风也怕缺水，所以它不喜欢干旱地区。

千金榆有什么用途?

千金榆夏季叶片颜色鲜亮，秋季叶片美丽，落叶迟，常用作绿化树种，适宜城市环境。

千金榆有什么“特异功能”？

据说，千金榆有一种治疗伤口的神奇能力，能使血液凝固得更快。

千金榆有什么小秘密？

千金榆到了冬天会将叶子卷成小花苞形状来御寒，春天再将叶子展开。航天领域的研究员正是从千金榆叶子的这种功能中获得灵感，设计出了能在运输过程中折叠、在大气外展开的太阳翼。

创意艺术小课堂：观察并练习制作一片千金榆树叶吧。

艺术家提示： 找一片瓦楞纸剪成半枚“树叶”，把它们两两贴在一起就成功啦。

橄榄树

怎么辨认橄榄树?

橄榄树树叶很小，摸起来很硬。叶子背面是深绿色的，而正面是浅绿色的。橄榄树的花呈白色，为总状花序。橄榄树的果实就是橄榄，味道很不错。但要注意，橄榄需要做熟了才能吃。橄榄开始是绿色，成熟时会变成赤炭色。橄榄里面的果核就是橄榄树的种子。橄榄树花期4—5月，果实10—12月成熟。

哪里能看到橄榄树?

橄榄是著名的亚热带果树，喜温暖，生长期需要适当高温。橄榄在中国主要分布在福建、台湾、广东、广西、云南等地，野生于沟谷、山坡杂林，或栽于庭园、村旁。

橄榄树有什么用途?

橄榄树是很好的防风树种及行道树。果实可食用，果仁可榨油，用于制肥皂、护肤品等，被誉为“液体黄金”。

橄榄树有什么“特异功能”？

一棵橄榄树每年能够结出60多千克的橄榄，接近一个成年人的体重。但是刚开始挂果的橄榄树产量很少，20年以后产量才会显著增加。橄榄树每结一次果，次年一般减产，休息期为一至二年，故橄榄产量有大小年之分。

橄榄树有什么小秘密？

橄榄树在希腊很受喜爱，是希腊国树。在雅典这个古代奥运会的发源地，当时运动会获胜者的奖品就是橄榄枝。

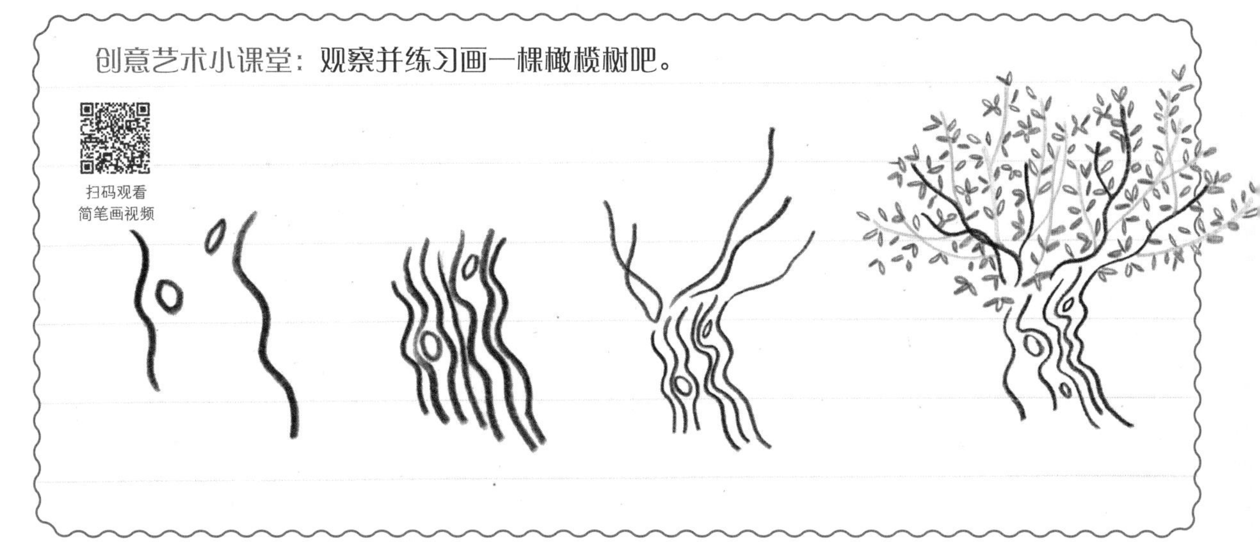

红豆杉

怎么辨认红豆杉?

红豆杉的叶子是针状的，四季常绿。红豆杉的花像是一个小球。红豆杉的果实非常漂亮，红红的、圆圆的，中间有一个小洞，里面是黑色的种子。

哪里能看到红豆杉?

红豆杉在中国属于国家一级稀少濒危常绿乔木，主要生长在东北、华中、华南、西北、西南等地区，资源非常珍贵。

红豆杉有什么用途?

红豆杉全身有毒，不可误食。但是，红豆杉有重要的药用价值，从红豆杉中提取的紫杉醇被用于抗癌药物。

红豆杉有什么小秘密?

红豆杉是第四纪冰川遗留下来的古老树种，被称为植物王国里的“活化石”，是名副其实的“植物大熊猫”。

白桦

哪里能看到桦树?

白桦在中国分布广泛，东北、西北及西南高山地区最多。

白桦是开拓者，可以在贫瘠的土地里生根、生长。白桦适应性强、耐寒，能够在很高海拔的地区生长。

怎么辨认白桦?

离很远就能辨认出白桦树干：树皮灰白，成层剥裂，枝系暗灰色或暗褐色。白桦的叶子呈三角形，边缘有锯齿；果实呈圆柱形，成熟的果实看起来像有鳞片的棕色小香肠。

白桦有什么小秘密?

白桦树是俄罗斯的国树，还有一些国家的人称白桦为“智慧之树”。

白桦有什么用途?

白桦树木质细密，可供制作家具、器物之用；树汁营养丰富，在食品、医药行业潜力巨大；树皮可提炼桦油。此外，白桦树树干修直，洁白优雅，是很好的园林绿化树种。

苹果树

怎么辨认苹果树?

你肯定吃过苹果，苹果是肉果，它的种子被厚实的果肉包围着。苹果树的叶子为椭圆形，边缘具有圆钝锯齿，背面有绒毛。苹果花是白色的，含苞时带点粉红色，非常美！苹果树花期在5月，果期7—10月。

哪里能看到苹果树?

苹果树原产于欧洲及亚洲中部，现在全世界温带地区均有种植，在中国也广泛栽培。苹果树喜阳，喜湿润土壤。

苹果树有什么用途?

苹果树是一种全世界温带地区常见果树，人们为了食用它的果实广为种植。苹果还能制作成苹果汁等。

苹果树有什么“特异功能”？

世界上有超过1000种苹果树，它们的果实有的很大，有的很袖珍，有的非常香甜，有的酸掉大牙……苹果可是真的能满足所有人的口味！

苹果树有什么小秘密？

哈萨克斯坦的阿拉木图早年因盛产苹果而被称为“苹果城”，“阿拉木图”在哈萨克语中的意思就是“盛产苹果的地方”。此外，阿拉木图还有苹果节，游客们可以品尝各类苹果，大饱口福。

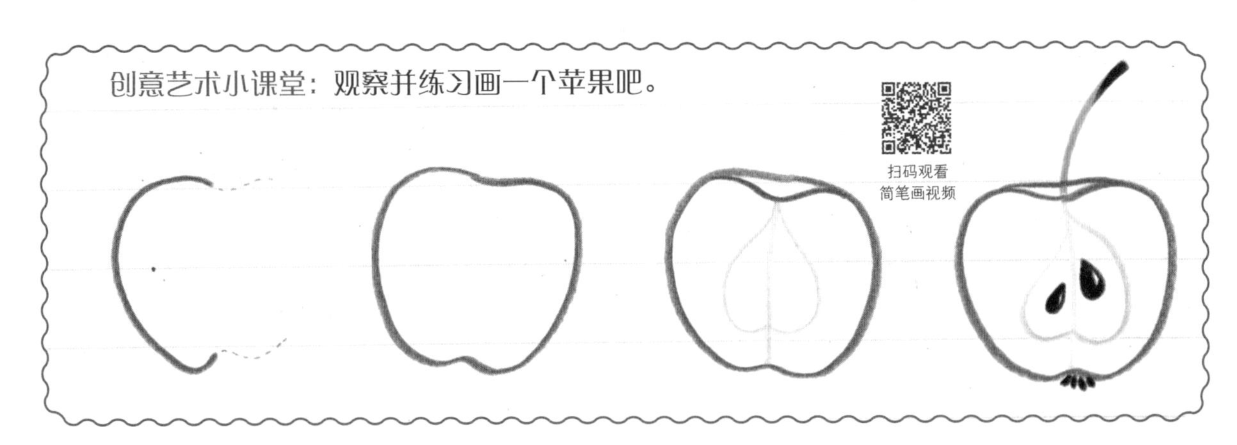

悬铃木

怎么辨认悬铃木？

秋天，悬铃木宽大的树叶落满街道。悬铃木的叶子形状很像鸭蹼，故被称为掌状叶★。悬铃木的树皮很特殊，会大块脱落，脱落后树干上会留下一个棕黄色的斑块。悬铃木的花像一个小球，等到叶落时节会发育成果实挂在树上。悬铃木果在风中摇摆，带着绒毛的种子可随风四处飘散。

哪里能看到悬铃木？

悬铃木树形雄伟端庄，适应性强，为世界著名行道树和庭园树；又因其叶子滞尘能力强，可以吸收有害气体、改善空气质量，世界各地广为栽培。中国南自两广，西南至四川、云南，北至辽宁均有栽培。

悬铃木有什么用途?

除了观赏价值，悬铃木的木材结实耐用，可用作房屋的大梁，还能用于造船。

悬铃木有什么小秘密?

悬铃木在中国俗称“法国梧桐”，但其实它是与梧桐不同的植物。悬铃木有一球悬铃木、二球悬铃木和三球悬铃木。一球悬铃木俗称美国梧桐，原产北美洲，悬铃木果一般为1个。二球悬铃木最为常见，是一球悬铃木和三球悬铃木的杂交种，悬铃木果一般为2个。三球悬铃木原产欧洲东南部及亚洲西部，悬铃木果一般为3个。

今陕西省西安市鄠邑区存有三球悬铃木古树，得4人才能合抱，据说是晋代时引进的，是中国最早引种的悬铃木。

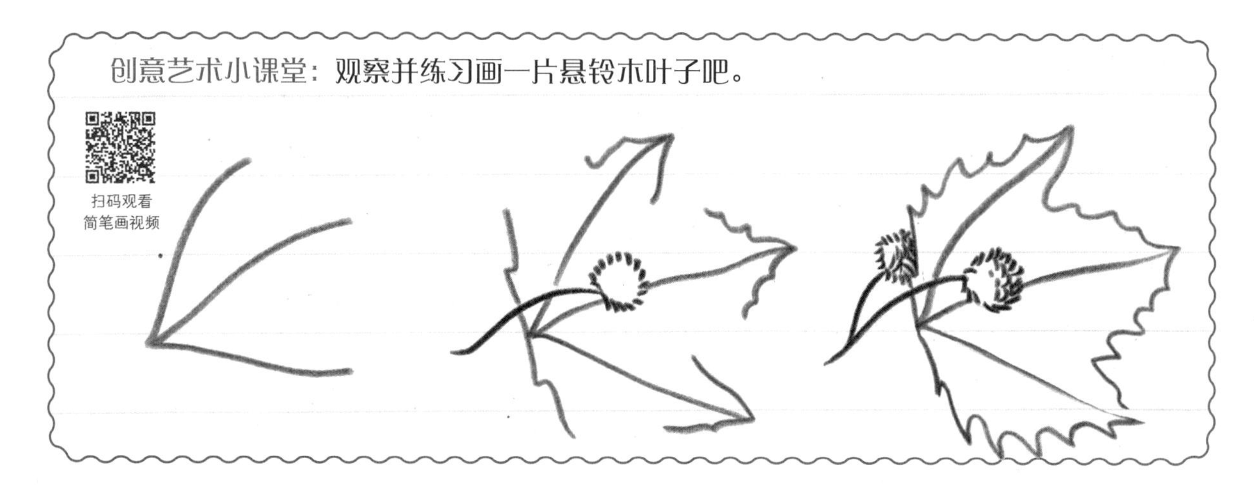

紫荆

哪里能看到紫荆?

紫荆是一种常见的栽培植物，多植于庭园、街边，少数生于密林地区。

怎么辨认紫荆?

每年三四月份，紫荆会开出满树的紫红色花朵，2—10朵成束。开花后，紫荆长出圆形的叶子，叶片非常柔软。紫荆的果实窄长，呈圆形，是一种荚果。绿中透红的果皮里面有2—6颗种子。花期3—4月，果期8—10月。

紫荆有什么用途?

紫荆木材纹理直，可供家具、建筑等用。紫荆有良好的药用价值。此外，紫荆还可用于园林绿化，具有较好的观赏效果。

紫荆有什么小秘密?

在古代，紫荆花是亲人、兄弟、朋友团聚友好的象征，常被诗人借以表达对兄弟亲友的思念之情，如唐代诗人韦应物《见紫荆花》：“杂英纷已积，含芳独暮春。还如故园树，忽忆故园人。”

金合欢

怎么辨认金合欢?

金合欢的叶子是有很多小叶*的羽状复叶。小叶的数量太多了，通常10—20对。金合欢花量很大，像金色绒球一般，香气浓郁。花期3—6月，果期7—11月。

哪里能看到金合欢?

金合欢原产于澳大利亚，是澳大利亚的国花。在中国主要分布在浙江、台湾、云南等地，喜温暖湿润的气候。

金合欢有什么"特异功能"?

金合欢树是非洲大草原上最常见的树，是非洲大陆醒目的标志。金合欢树的树冠呈伞状，能更好地接收珍贵的雨露。它的叶子很小，这样能减少水分蒸发。所以，即使在草木枯黄的旱季，金合欢树也能绿意盎然。为了防止动物过度吃自己的叶子，金合欢树长得很高，还会长出长长的保护刺。

金合欢有什么用途?

金合欢的花很香，可从中提取香精制作香水；木材坚硬，可制成贵重器材；根及荚果提取物可制黑色染料。

银杏树

怎么辨认银杏树?

银杏叶呈扇形，中间有裂口，你肯定能认出它们。到了秋天，鲜绿的银杏叶会变得金黄。银杏树雌雄异株，雄球花淡黄色，雌球花淡绿色。银杏果呈椭圆形，成熟时为黄色，表面有白粉，俗称白果。花期3—4月，种子9—10月成熟。

银杏树有什么用途?

银杏为珍贵的用材树种，木材优良，供建筑、家具、雕刻等用。银杏种子有药用价值。此外，银杏树形优美，春夏季叶片颜色嫩绿，秋季叶片变成黄色，颇为美观，具有观赏价值。

哪里能看到银杏树?

银杏为中生代孑遗的稀有树种，是中国特产。银杏为喜光树种，对气候、土壤的适应性较强，自然地理分布范围很广。

银杏树有什么“特异功能”？

银杏树生长较慢，寿命极长，自然条件下从栽种到结果要20余年，40年后才能大量结果，因此又有人把它称作“公孙树”，有“公种而孙得食”的含义。

银杏树有什么小秘密?

银杏树是世界上已知的最古老的树种，在恐龙时代就已经出现了，所以被称为“活化石”！

位于湖北省的中国千年银杏谷是世界四大密集成片的古银杏群落之一，拥有大规模保留完好的古银杏群落，非常珍贵。

七叶树

怎么辨认七叶树?

5月，七叶树的花像警卫兵一样直立在树枝之上，远远看去一片粉白。七叶树的叶子为掌状复叶，由5—7枚小叶组成，边缘有钝尖形细锯齿。七叶树的果实呈球形、黄褐色，果期在10月。

哪里能看到七叶树?

七叶树主要分布在亚洲、欧洲和美洲。在中国河北、山西、河南、陕西均有栽培，仅秦岭有野生七叶树。

七叶树有什么用途?

在黄河流域，七叶树是优良的行道树和庭园树。木材细密可制造各种器具，种子可作药用，榨油，可制造肥皂。

七叶树有什么“特异功能”？

七叶树的树皮中含有一种物质，能够吸收太阳的光线。这种能力使它成为一些防晒霜的主要成分。

七叶树有什么小秘密？

七叶树是欧洲一种常见行道树，树形优美，果实奇特。但是，七叶树的种子有毒，不可直接食用。

在瑞士日内瓦，所有人都会期待七叶树发芽，因为这意味着春天的到来。

创意艺术小课堂：观察并练习画一片七叶树树叶吧。

玉兰树

哪里能看到玉兰树?

玉兰为喜光树种，较耐寒，可露地越冬。玉兰因具有很高的观赏价值，现中国各大城市均有广泛栽培。

玉兰树有什么用途?

玉兰花瓣质厚而清香，可食用；种子可榨油，树皮可入药，木材可供制器具或雕刻用。

怎么辨认玉兰树?

玉兰树的叶子硬而亮，十分特别。玉兰花大而娇媚，有的粉红，有的润白。玉兰花期很特别，花期2—3月，也常于7—9月再开一次花。玉兰树果期8—9月。

玉兰有什么小秘密?

中国上海市市花为白玉兰，象征着一种奋发向上的精神。

刺槐

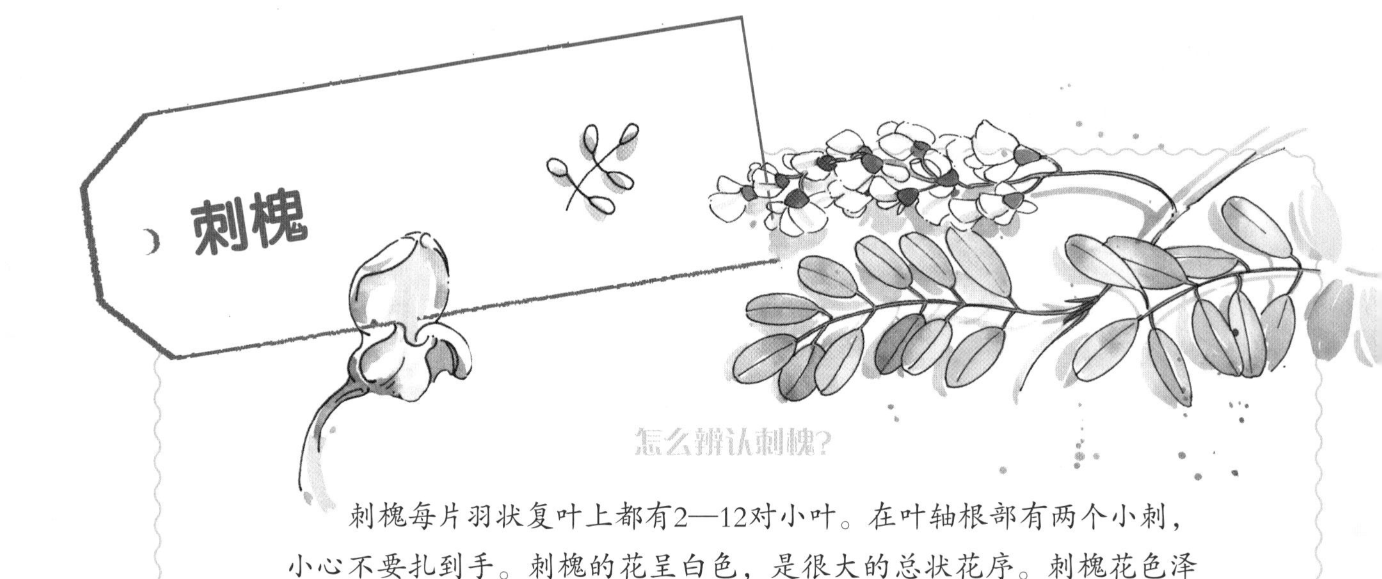

怎么辨认刺槐?

刺槐每片羽状复叶上都有2—12对小叶。在叶轴根部有两个小刺，小心不要扎到手。刺槐的花呈白色，是很大的总状花序。刺槐花色泽清丽，花香浓郁。花期4—6月，果期8—9月。

刺槐有过怎样的历险?

刺槐原产于美国东部，17世纪传入欧洲及非洲。中国于18世纪末从欧洲引入青岛栽培，现全国各地广泛栽植。刺槐无论种在哪里都能很快适应环境，即使在贫瘠的土地或荒地上，它也能很快发芽。

刺槐有什么用途?

刺槐根系浅而发达，是优良的固沙树种；材质抗腐耐磨，用途广泛。此外，刺槐还是优良的蜜源植物。

刺槐有什么“特异功能”?

刺槐很耐污染，对二氧化硫等的抵抗能力都比较强，是工矿区绿化的先锋树种。

刺槐有什么小秘密?

刺槐在中国俗称洋槐，这是因为刺槐不同于本土国槐，而是从国外引种的。

词汇表

（按词汇首字的汉语音序排列）

雌雄同株：雄花和雌花生长在同一棵树上。

洪溢林：在水道或河流中生长的树木形成的森林。

花粉：花粉是由雄蕊中的花药产生的细小粉末，每个粉粒里都有一个生殖细胞。

荚果：荚里有许多种子的干果。

孑遗植物：也称活化石植物，是指起源久远的那些植物。

蜜源植物：供蜜蜂采集花蜜和花粉的植物。

壳斗：包裹在栗树果实栗子外面的碗状器官。

球果：松树、冷杉、巨杉、雪松坚硬而长满鳞片的果实。

柔荑花序：花轴下垂或向上直立，花轴上生长着许多花。

授粉：雄蕊的花粉传到雌蕊的柱头上，叫作授粉。

树皮：大树木质部分外面的部分，足够厚以保护木质部分。

蒴果：干果的一种，由两个以上的心皮构成，内含许多种子，成熟后开裂。

松脂：松属树木分泌出来的树脂。

橡子：橡树的果实。

小叶：构成复叶的一片小叶子。

羽状复叶：小叶在叶轴的两侧排列成羽毛状称为羽状复叶。

掌状叶：有三到五个分叉的叶子，形状像人的手掌。

种子：裸子植物和被子植物特有的繁殖体，植物和大树的一部分，能够长成一棵新的树。

总状花序：花序轴不分枝，较长，具有花柄的小花生于花序轴上。许多花围绕着一根茎生长。

图书在版编目（CIP）数据

给孩子的自然百科. 当孩子遇见树木 /（法）克莱尔·勒克维勒著；（法）罗莉亚娜·舍瓦里耶绘；董馨阳译 .—西安：世界图书出版西安有限公司，2021.10
ISBN 978-7-5192-6671-4

Ⅰ. ①给… Ⅱ. ①克… ②罗… ③董… Ⅲ. ①自然科学—儿童读物 ②树木—儿童读物 Ⅳ. ① N49 ② S718.4-49

中国版本图书馆 CIP 数据核字（2020）第 063820 号

书　　名	给孩子的自然百科
著　　者	[法] 克莱尔·勒克维勒
绘　　者	[法] 罗莉亚娜·舍瓦里耶
译　　者	董馨阳
策　　划	赵亚强
责任编辑	王　冰　刘晓英
项目编辑	符　鑫　徐　婷　李　钰　吴谭佳子
美术编辑	吴　彤
版权联系	吴谭佳子
出版发行	世界图书出版西安有限公司
地　　址	西安市锦业路 1 号都市之门 C 座
邮　　编	710065
电　　话	029-87214941　029-87233647（市场营销部） 029-87234767（总编室）
网　　址	http://www.wpcxa.com
邮　　箱	xast@wpcxa.com
经　　销	新华书店
印　　刷	深圳市福圣印刷有限公司
成品尺寸	200mm × 200mm　1/16
印　　张	14
字　　数	180 千字
版　　次	2021 年 10 月第 1 版
印　　次	2021 年 10 月第 1 次印刷
版权登记	25-2019-284
国际书号	ISBN 978-7-5192-6671-4
定　　价	180 元（全 4 册）